BEI GRIN MACHT SICH IHR WISSEN BEZAHLT

- Wir veröffentlichen Ihre Hausarbeit, Bachelor- und Masterarbeit

- Ihr eigenes eBook und Buch - weltweit in allen wichtigen Shops

- Verdienen Sie an jedem Verkauf

Jetzt bei www.GRIN.com hochladen und kostenlos publizieren

Litoraler Prozessbereich. Voraussetzungen, Prozesse und Formen am Beispiel der deutschen Ostseeküste

Andres Dittrich

Bibliografische Information der Deutschen Nationalbibliothek:

Die Deutsche Nationalbibliothek verzeichnet diese Publikation in der Deutschen Nationalbibliografie; detaillierte bibliografische Daten sind im Internet über http://dnb.d-nb.de abrufbar.

ISBN: 9783346950284
Dieses Buch ist auch als E-Book erhältlich.

© GRIN Publishing GmbH
Trappentreustraße 1
80339 München

Druck und Bindung: Books on Demand GmbH, Norderstedt Germany
Gedruckt auf säurefreiem Papier aus verantwortungsvollen Quellen

Das vorliegende Werk wurde sorgfältig erarbeitet. Dennoch übernehmen Autoren und Verlag für die Richtigkeit von Angaben, Hinweisen, Links und Ratschlägen sowie eventuelle Druckfehler keine Haftung.

Das Buch bei GRIN: https://www.grin.com/document/1401331

Ruprecht-Karls-Universität Heidelberg

Geographisches Institut

Proseminar: Ausgewählte Themen der Physischen Geographie

Sommersemester 2020

LITORALER PROZESSBEREICH

Voraussetzungen, Prozesse und Formen am Beispiel der deutschen Ostseeküste

Vorgelegt von:

Andrés Dittrich

Studienfach: BA Geographie

Fachsemester: 2.

Heidelberg, 27.05.2020

I. Inhaltsverzeichnis

1 Einleitung

Weltweit finden an allen Küsten der Weltmeere verschiedene geomorphologische Prozesse statt, die auch als litorale Prozesse bekannt sind. Ein litorales System oder auch Küstensystem ist der Bereich der Wechselwirkungen der marinen Systeme der Ozeane, Seen und auch der Atmosphäre mit der Festlandmasse. Daher ist die geomorphologische Entwicklung und Formung von Küsten, die durch Akkumulation und Erosion hervorgerufen wird, eine Folge des litoralen Energieaustausches (DIKAU et al. 2019, S. 372). Unter Küste versteht man den Übergangsbereich zwischen Land und Meer, hier treffen die morphodynamischen Wirkungen des Meeres auf die morphologischen Strukturen des Festlandes und die typischen morphologischen Prozesse der Landoberfläche beeinflussen sich mit denen des Litorals gegenseitig. Unter dem Begriff litorale Prozesse werden, genauso wie bei anderen geomorphologischen Prozessen, Erosion, Transport und Akkumulation zusammengefasst. Weltweit gehen die wichtigsten litoralen Formungsprozesse auf Meerwasserbewegungen, wie die Wellenwirkungen und küstennahen Strömungen sowie auf die Gezeiten zurück. Diese Prozesse können akkumulierend oder abtragend wirken (ZEPP 2017, S. 261). Somit ist die Küste und das litorale System die weitaus wichtigste natürliche Grenze der Erde als Trennungslinie zwischen dem Festland und dem flüssigen Meer und umfasst viele und auch verschiedene physikalische, biologische und chemische Prozesse, Systeme und Lebensräume (AHNERT 2015, S. 362). Diese Prozesse laufen seit der gesamten Erdgeschichte schon seit Ewigkeiten vor unseren Augen ab und können Millionen Jahre, sowie auch nur Tage andauern.

Ein tieferer Einblick in diese verschiedenen Prozesse soll im Folgenden dargelegt werden. Der Schwerpunkt dieser Arbeit ist der litorale Prozessbereich, die verschiedenen Voraussetzungen für die Prozesse und die verschiedenen Küstenformen und -typen die an der deutschen Ostseeküste ablaufen.

2 Litorale Prozesse

Zu den litoralen Prozessen gehören hauptsächlich Wellen, Gezeiten und Strömungen. Sie wirken in Kombination, werden aber getrennt behandelt. Sturmfluten, Tsunamis und andere Riesenwellen können auch zu anhaltenden Veränderungen der Küstenformen führen. Andere Prozesse die Küstenmerkmale bilden, umfassen u.a. Windeinwirkung, Wasserabfluss und Verwitterung durch physikalische, chemische oder biologische Arbeitsstoffe. Viele Küsten weisen Merkmale auf, die sich entwickelten, als das Meer in der Vergangenheit auf verschiedenen Ebenen stand oder als der Meeresspiegel anstieg oder abfiel. Deshalb ist dieses Ereignis auch ein wichtiger Teil der litoralen Prozesse (BIRD 2008, S. 37f.).

2.1 Wellen

Die Meereswellen sind ein Teil der wichtigeren geomorphologischen Prozesse in litoralen Bereichen. Wellen entstehen aus dem Energietransfer des Windes auf der Wasseroberfläche des Ozeans, dabei entsteht Reibung, die zu Störungen im Oberflächenwasser führt. Das führt zu Auslenkungen der Wasserpartikel, die sich in positiver Rückkopplung mit dem Wind verstärken und zu Wellen entwickeln. Wellen weisen irreguläre Formen auf, weil bei der Entstehung unterschiedliche Faktoren zu Wellen verschiedener Höhen führen. Diese Faktoren sind z.B. Windstärke, Zeitdauer

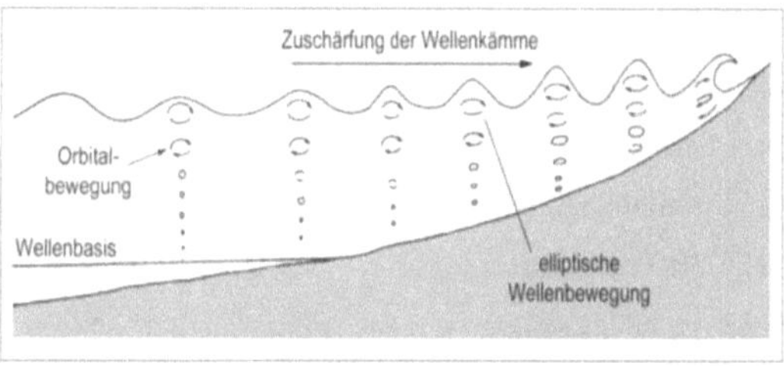

Abbildung 1: Brandung (ZEPP 2017, S. 267)

des Windes aus einer Richtung und Größe der Wasseroberfläche. Nach einiger Entfernung vom Entstehungsort beginnen Wellen Strukturen auszubilden, die durch Perioden, Wellenlängen und -höhen charakterisiert sind. Dieser Prozess wird Wellendispersion genannt und erzeugt regelmäßige Wellen (auch Dünung genannt) die sich über Tausende Kilometer fortbewegen (DIKAU et al. 2019, S. 372). Bei der Wellenbewegung schwingen die Wasserpartikel in kreisförmigen Bewegungen (Orbitalbewegungen). Ab einer Windgeschwindigkeit von 13 km/h beginnen Wellenkämme zu brechen, weil sie zu instabil werden. Wellen brechen auch bei ansteigendem Meeresboden an der Küste wie man in Abbildung 1 sehen kann, wirbeln dabei Material vom Meeresboden auf und ziehen das Material in die Drehbewegung der Welle mit ein. Somit können Wellen große Materialmengen an Küsten mobilisieren, jedoch bleibt der größte Anteil an Materialverlagerung weit hinter dem Brandungsbereich zurück (ZEPP 2017, S. 262ff).

Brechende Wellen transportieren damit Sedimente in Richtung des Strandes und spielen dadurch eine positive Rolle für den Sedimenthaushalt des Strandes. Jedoch sind diese Brecher auch für Küstenabbauprozesse verantwortlich, weil sie bei Stürmen mit großen Wellenhöhen Material ins Meer hinaus transportieren und bei Kliffküsten zur Klifferosion beitragen (DIKAU et al. 2019, S. 373). Bei der Brandung wird nämlich ein Teil der turbulenten Wellenenergie auf den Untergrund und auf das Ufer übertragen. Diese Wellenenergie wandelt sich wiederum in Wärmeenergie um und sorgt für Reibung. Die Reibung wirkt morphologisch und sorgt für den

Sedimenttransport und die Erosion. Die morphologische Wirksamkeit der Welle hängt stark vom Material im Brandungsbereich und der Neigung des Meeresbodens ab (ZEPP 2017, S. 264).

2.2 Gezeiten

Die Gezeiten oder auch Tiden sind periodische Veränderungen des Meeresspiegels von etwa zwölf Stunden und 25 Minuten bzw. 24 Stunden und 50 Minuten (AHNERT 2015, S. 363). Anziehungs- und Fliehkräfte der Erde und vor allem auch die Anziehungskräfte des Mondes und der Sonne sind für die Wasserstandänderungen verantwortlich. Die Sonne verstärkt oder schwächt die Anziehungskräfte des Mondes, je nach Position von Mond und Sonne zur Erde. Eine besonders hohe Flut (Springflut), kann auftreten, wenn der Mond, die Sonne und die Erde bei Vollmond auf einer Achse stehen (DIKAU et al. 2019, S.374). Auf der mondzugewandten Seite der Erde entsteht durch die starke Anziehungskraft des Mondes ein Flutberg. Ein zweiter Flutberg bildet sich auf der mondabgewandten Seite der Erde, weil die Anziehungskraft des Mondes wegen der größeren Entfernung dort niedriger ist und die Fliehkraft (Zentrifugalkraft) des Rotationssystems Erde-Mond auf die Wasseroberfläche einwirkt. Der feste Erdkörper rotiert unter den Flutbergen hinweg und der Mond zieht diese Berge, durch seine Umlaufbahn in Richtung der Erdumdrehung, mit sich mit. Somit benötigt die rotierende Erde 24 Stunden und 50 Minuten bis die Flutberge sich

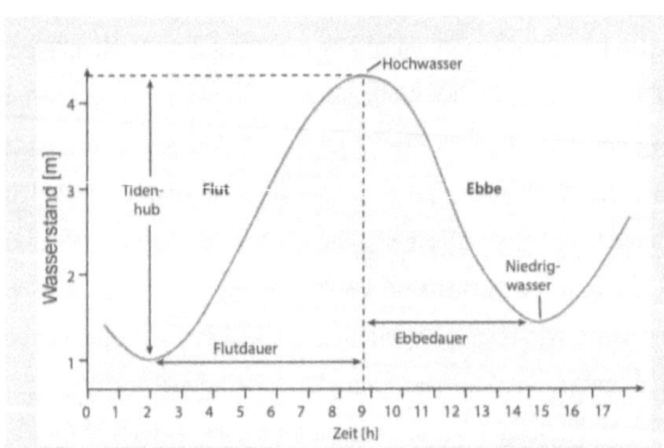

Abbildung 2: Tidekurve als Darstellung der Tidewasserstände an einem Pegelstandort (DIKAU et al. 2019, S. 374)

wieder am gleichen Ort des Erdkörpers befinden wie am vorherigen Tag. Von der Erde aus gesehen, scheint die Veränderung des Wasserstandes wie eine Welle mit einer Periode von zwölf Stunden 25 Minuten von Wellenberg zu Wellenberg (AHNERT 2015, S. 363f). Während des Mondumlaufs (24 Stunden und 50 Minuten) steigt (Flut) und fällt (Ebbe) das Wasser zweimal. Der Wasserstand beim Wechsel wird Hoch- bzw. Niedrigwasser genannt. Tidenhub ist der Unterschied zwischen beiden, wie in Abbildung 2 leicht zu erkennen ist (ZEPP 2017, S. 272).

Tiden sind für die geomorphologische Formung des Litorals von hoher Bedeutung, da sie mit steigenden und fallenden Wasserhöhen und somit mit zeitlich veränderten Wellenaufprallzonen die Küste verändern. Der Tidenprozess ist hauptsächlich verantwortlich für die Entwicklung der Reliefformen den Küsten und Meeresböden flacher Weltmeere (DIKAU et al. 2019, S. 374). Eine geringe Höhe des Tidenhubs führt dazu, dass die Formen gestaltende Wirkung der Brandungswellen auf das Ufer, nur in einem kleinen begrenzten Bereich stattfinden. Bei großem Tidenhub hingegen verschiebt sich die Grenze zwischen Land und Wasser in jeder Gezeitenperiode in einer viel breiteren Zone hin und her. Die Leistung der Wellen verteilt sich dadurch flächenhafter und ihre gestaltende Wirkung ist deshalb geringer. Wenn Teil eines sandigen, küstennahen Meeresbodens nur noch durch sehr hohe Springfluten überflutet wird, kann es in den dazwischen liegenden Zeiträumen so sehr abtrocknen, dass Winde Sand bewegen und für eine Dünenbildung sorgen, die über das Springtidenniveau aufragt und den Wellen widerstehen können. So kann aus Sandbarren eine Insel entstehen (AHNERT 2015, S. 366).

2.3 Küstennahe Strömungen

Auch küstennahe Strömungen haben Einflüsse auf geomorphologische Prozesse im litoralen Bereich. Diese Strömungen bewegen sich parallel oder im rechten Winkel zur Küste und sind für die litoralen Sedimenttransporte verantwortlich. Küstennahe Strömungen sind kleinere Prozesse und unterscheiden sich von großen Meeresströmungen, windverursachten Strömungen und Gezeitenströmungen. Küstennahe Strömungen werden in zwei Typen klassifiziert: die Rip-Strömung und die küstenparallele Strömung. Beide werden durch Wellen erzeugt und die Wasserströmung teilt man in zwei Komponenten auf: entweder eine nahezu orthogonale oder eine küstenparallele Ausrichtung. Enorme Sedimentvolumina können über lange Entfernungen durch die küstenparallele Strömung bewegt werden, weshalb sie eine große Rolle bei der Küstenformung spielt (DIKAU et al. 2019, S. 374). Diese Strömungen können fein- bis mittelgroßen Sand bewegen (Korndurchmesser 0,1–0,5 mm), wenn ihre Geschwindigkeit 15 cm/s überschreitet, wobei stärkere Strömungen erforderlich sind, um gröberes Material zu bewegen. Wind und Gezeiten erzeugte Strömungen können stark genug sein, um Sand oder sogar Kies auf dem Meeresboden zu bewegen, was entweder zur Strandversetzung beiträgt, Material an den Strand liefert oder Sand von der Küste wegträgt. Strömungen können küstennahe Ablagerungen verhindern, Kanäle erodieren und Sandbänke entfernen, wodurch das küstennahe Wasser vertieft wird und größere Wellen am Ufer brechen können. Die Sandbänke bleiben nur bestehen, wenn die Wellenenergie zu schwach ist, um sie

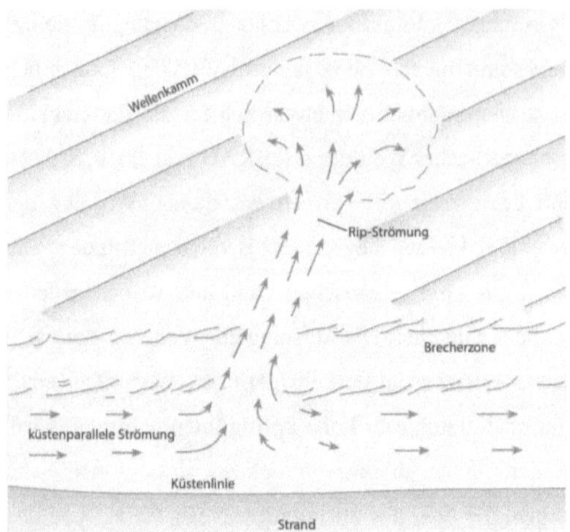

Abbildung 3: Küstennahe Strömungsfelder in küstenparalleler und nahezu orthogonaler Ausrichtung in Form der Rip-Strömung (DIKAU et al. 2019, S. 375).

zu bewegen oder zu zerstreuen. Von ihnen abgeleitete Sedimente können jederzeit an den Strand gespült werden (BIRD 2008, S. 35). Wie in Abbildung 3 zu erkennen ist, formt die Rip-Strömung eine starke und schmale Rückströmung von Meerwasser, in einem nahezu rechten Winkel durch die Brandungszone, seewärts. Dies ist eine Folge des Wassergewinns der Küste durch auftreffende Wellen. Sie entwickeln Zirkulationszellen mit regelmäßigen Abständen, können 60 bis 750 m lang werden, Geschwindigkeiten von 1 m/s erreichen und sind gefährlich für badende Menschen im Wasser (DIKAU et al. 2019, S. 374). Im Allgemeinen sind Strömungen bei der Gestaltung der Meeresbodenmorphologie wichtiger als bei der Konfiguration des Strandes. Diese Strömungen spielen oft eine Rolle bei der Entfernung von durch Wellen erodiertem Material von der Küste oder bei der Zufuhr von Sedimenten, das anschließend durch Wellenbewegung in die Strände eingebaut wird (BIRD 2008, S. 35).

2.4 Meeresspiegelschwankungen

Meeresspiegelschwankungen haben schon immer wichtige und markante Einflüsse auf sämtliche litorale Prozesse gehabt. An vielen Küsten sind Merkmale zu erkennen, die sich gebildet haben und darauf hinweisen, dass das Meer im Verhältnis zum Land einst höher oder niedriger stand. Oft ist es nicht einfach festzustellen, ob eine Änderung des Meeresspiegels durch Aufwärts- oder Abwärtsbewegungen des Landes, durch einen Anstieg oder Abfall des Meeresspiegels oder auch auf eine Kombination von Beiden zurückzuführen ist. Wenn der Meeresspiegel steigt, um in das Land einzudringen, tritt eine Transgression auf und wenn der Meeresspiegel fällt, wodurch eine neue Landfläche aus dem ehemaligen Meeresboden entsteht, tritt eine Regression auf (BIRD 2008, S. 39). Eine Reliefformung wird sowohl bei der Regression als auch bei der Transgression hervorgerufen. Abrasionsplattformen und Küstensedimente oberhalb des heutigen Meeresspiegels, die eine höhere Wasserlinie in der

Vergangenheit anzeigen, und überflutete Mündungen und Flusstäler, die tiefere Meeresspiegel der Vergangenheit anzeigen, gehören alle dazu. An manchen Küsten finden sich Sedimenttypen und Reliefformen litoraler Prozesse oberhalb des heutigen Meeresspiegels und verweisen somit auf einen Meeresspiegel, der in der Vergangenheit höher lag. Das heißt, es kam zu einem Rückzug des Meeres (Regression), welcher durch einen fallenden Meeresspiegel oder durch tektonische Hebung des Landes verursacht worden konnte. Dieser frühere Verlauf der Küste kann durch viele Sedimenteigenschaften und Reliefformen rekonstruiert werden. Zum Beispiel durch Terrassen (Abrasion), Steilwände (Klifferosion) und relikte Korallenriffe.

Wenn die Küstenlinie jedoch, landwärts verlagert wird und das Meer vorrückt und die alte Küstenlinie unter dem Meeresspiegel abtaucht, liegt eine Transgression vor. Dies ist an den heutigen unter der Wasserlinie vorhandenen Abrasionsplattformen und Kliffhängen zu erkennen. Tektonische Absenkungen oder glazialeustatische Meeresspiegelanstiege können hierfür der Grund sein. Im Gegensatz zur Regression sind Transgressionsphasen schwieriger nachzuweisen, weil die Wellenaktivität den neu entstandenen Meeresboden stark verformt (DIKAU et al. 2019, S. 390f.).

2.5 Strandversetzung

An wellendominierten Aufbauküsten, wo über längere Zeiträume am Ufer neue Flächen angelagert werden, kommt ein weiterer Sedimentationsprozess ins Spiel der parallel zur Küstenlinie erfolgt, die Strandversetzung. Dieser Prozess ist für den Sedimenthaushalt von litoralen Systemen, von sehr hoher Bedeutung (DIKAU et al. 2019, S. 382). Die Strandversetzung tritt ein, wenn Wellen im spitzen Winkel oder infolge küstenparalleler wehender Winde schräg auf die Küste auftreffen (ZEPP 2017, S. 273). Diese Wellen werden selten vollständig refraktiert (Beugung des Wellenkammes durch Grundberührung) und behalten somit ihren vorwärts gerichteten Impuls. Die Geschwindigkeit ist von der Wellenhöhe abhängig (DIKAU et al. 2019, S. 382).

Küstenlateraler Sedimenttransport kann in zwei Prozesstypen unterteilet werden, wie in Abbildung 4 zu sehen ist. Bei großen Wellenbrechern sorgt die hohe Energie für hohe Transportraten durch die küstenparallele Strömung im Bereich der Strandböschung. Bei kleineren Brechern und geringeren Energiebeträgen hingegen, findet der Transport

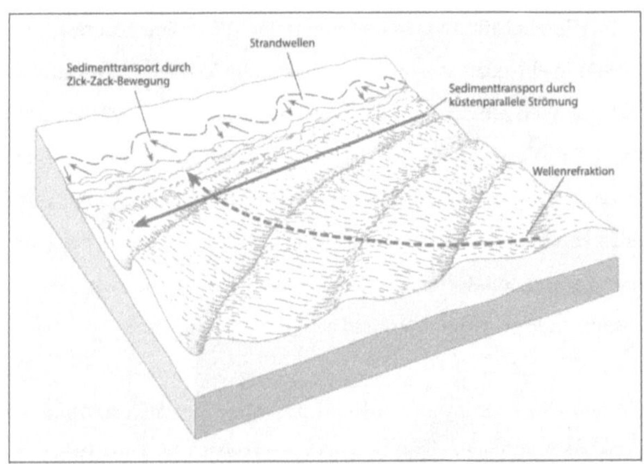

Abbildung 4: Zwei Typen von Sedimenttransportprozessen an einer wellendominierten Aufbauküste (DIKAU et al. 2019, S.383).

überwiegend am Vorstrand (meerwärts der Niedrigwasserlinie liegender Bereich der Strandböschung) durch Strandwellen statt. Dabei werden Sedimente durch die Wellen in einem Winkel Strandaufwärts und beim Wellenrücklauf, der Schwerkraft folgend, rechtwinklig zur Strandlinie transportiert.

Dadurch entsteht eine Zickzack-förmige Bewegungsbahn der Sedimentpartikel (DIKAU et al. 2019, S. 382f.). Ein Sedimentpartikel, das von den Wellen bewegt und nicht abgelagert wird, folgt deshalb mit der Vor- und Rückbewegung der transportierenden Welle einer Zickzackbahn auf der Strandböschung, die seine Lage in fortschreitend seitwärts in der Brandungszone verschiebt. Aus dieser wiederholten Zickzackbewegung erfolgt eine Nettoverlagerung des Partikels längs des Strandes und somit kommt es zur Strandversetzung (AHNERT 2015, S. 379). Die Strandversetzung führt zu vielen Küstenformen einer aufbauenden Küste, wie zum Beispiel Nehrungsinseln, Nehrungen und Strandhaken (Kapitel 5.1) (DIKAU et al. 2019, S. 383).

3 Ostsee und Entstehung

Die Ostsee, auch Baltisches Meer genannt, ist ein Nebenmeer des Atlantischen Ozeans, ein Brackwassergebiet (Gemisch aus Süß- und Salzwasser) und wird von der Nordsee an der jütischen Halbinsel getrennt. Die Ostsee ist ein Schelfgebiet mit geringen Wassertiefen, die größtenteils unter 200 m liegen und befindet sich innerhalb des europäischen Kontinents. Die Ostsee bedeckt, einschließlich des Übergangsgebiets zur Nordsee, eine Gesamtfläche von 415 000 km². Durch starke Süßwasserzuflüsse aus Flüssen und einem beschränkten Wasseraustausch nimmt der Salzgehalt des Wassers von Westen nach Nordosten stark ab (bis zu unter 2 %). Somit stellt die Ostsee eines der größten Brackwassergebiete der Welt da (RHEINHEIMER 1996, S. 1).

Die Ostsee ist ein recht junges Schelfmeer auf dem Kontinentalsockel Nordwest-Europas. Das Ostseebecken war während des Pleistozäns mehrfach von Inlandeis gefüllt und wurde durch Gletscherbewegung ständig ausgeschürft (DIERSSEN 2014, S. 3). Das Ostseebecken ist im Norden tiefer als im Süden, da die isostatische Landhebung (Aufstieg der Landmassen, die von Eis bedeckt waren) als Folge der Eisentlastung erst im Spätglazial einsetzte und noch immer anhält. Der Bereich der deutschen Ostseeküste senkt sich heute jedoch langsam, als Ausgleich zur Landhebung in Skandinavien, mit der Ausnahme von Rügen und der Küste bei Stralsund, weil diese im Hebungsgebiet liegen (BÖSE et al. 2018, S. 111). Nach der Weichsel-Vereisung (letzte Vergletscherung Nordeuropas) wurde das mittlere Ostseebecken vor ca. 12-13.000 Jahren endgültig eisfrei (DIERSSEN 2014, S. 3). Im mittleren Ostseebecken bildete sich während des Abschmelzens des Inlandeises, ein Schmelzwassersee mit fluvialen Abfluss - der Baltische Eissee (Abbildung 5). Der Wasserspiegel stieg ständig an und lag 25 m über dem damaligen Meeresspiegelniveau, somit formte sich ein Ausbruchstal des Wassers nach Westen in Richtung Atlantik. Dadurch entstand vor ca. 11.200 Jahren durch den Durchbruch Salzhaltigem Meerwassers aus der Nordsee das Yoldia-Meer. Der Bereich der heutigen deutschen Ostseeküste war damals Festland, durchzogen von Flüssen und kleinen Seen. Danach hob sich Skandinavien durch die isostatische Landhebung schneller als der Meeresspiegel und die Wasserstraße zwischen dem Atlantik und dem Ostseebecken wurde vor 9500 Jahren wieder Festland. Somit entstand der Ancylus-See (Abbildung 5), gespeist durch Flüsse. Schließlich bahnte sich vor 8000 Jahren durch den ansteigenden Meeresspiegel das Meerwasser über das Kattegat nach Süden und überflutete den Bereich der südlichen Ostsee. Es entstand das Littorina-Meer (Abbildung 5), ein Randmeer mit Brackwasser (BÖSE et al. 2018, S. 111). Zu Anfang der Littorina-Transgression drang das Meer tief in Flusstäler im Jütländischen Festland

Abbildung 5: Spätglaziale und holozäne Entwicklung der Ostsee; A: Baltischer Eisstausee (Süßwasser), B: Ancylus-See (Süßwasser), C: Littorina-Meer (Brackwasser) (DIERSSEN 2014, S. 3).

und Schleswig-Holstein ein. Dadurch entstanden dort die heutigen Förden (von einer landwärts wandernden Gletscherzunge gegrabene, schmale Meeresbucht) und der dänische Archipel (DIERSSEN 2014, S. 4). Zu diesem Zeitpunkt setze die Küstenbildung an der deutschen Ostseeküste ein (BÖSE et al. 2018, S. 111). Folglich dominierten in Schleswig-Holstein und Mecklenburg Abtragungsprozesse und weiter östlich Akkumulationsprozesse (DIERSSEN 2014, S. 4). Vor 1500 Jahren setzte die Mya-Phase ein und der Meeresspiegel stieg langsam aber weiter an, sodass die meisten heutigen Küstenformen an der deutschen Ostseeküste erst nach dieser Zeit gebildet worden sind. Daher liegt die deutsche Ostseeküste in einem aus Sand, Kies, Lockermaterial und Till aufgebauten Gebiet, eine Ausnahme sind die Kreidefelsen auf Rügen.

Auf diesem Weg erlebten die Küstenprozesse nicht nur den Meeresspiegelanstieg, sondern auch dem sich absenkendem Festland (BÖSE et al. 2018, S. 111). An der Ostsee entfällt die Bedeutung der Gezeiten weitgehend. In der südlichen Ostsee lassen sich anhand datierbarer Sedimente und Resten menschlicher Siedlungen in ehemaligen Küstenräumen holozäne und spätglaziale Veränderungen der Wasserstände rekonstruieren (DIERSSEN 2014, S. 4). Somit haben Prozesse wie Sedimenttransport durch Brandung zur Bildung der heutigen Küstenformen bereits bei einem 2 Meter tieferen Wasserspiegel eingesetzt. Die Küsten haben sich also immer dem langsam ansteigenden Wasserstand angepasst (BÖSE et al. 2018, S. 111).

4 Küstentypen

Alle Küstenformen nach ihrer Genese zu klassifizieren ist nicht einfach, weil an ihrer Gestaltung nicht nur gegenwärtige morphologische Prozesse beteiligt sind oder waren, sondern die Senkung oder Hebung des Meeresspiegels sowie die Senkung oder Hebung des Landes eine wichtige Rolle bei ihrer Entwicklung geleistet haben. Die Absenkung des Landes oder der Anstieg des Meeresspiegels führen zu einem Vordringen der Uferlinie (Transgression) und somit zum Untertauchen von Landformen unter Wasser. Diese Küsten werden Senkungs- bzw.

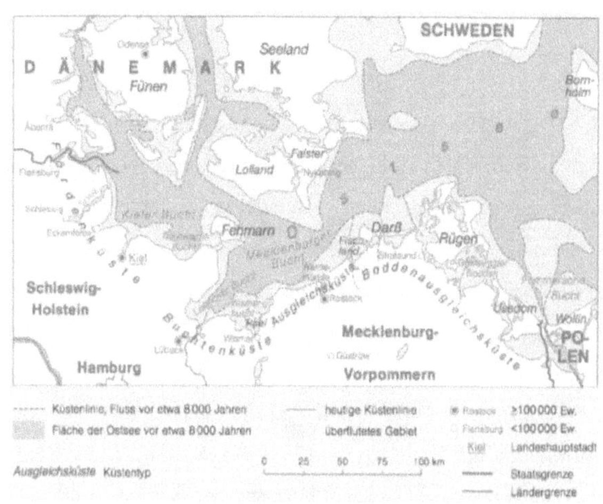

Abbildung 6: Unterteilung der deutschen Ostseeküste in vier Küstentypen (BÖSE et al. 2018, S.115).

Ingressionsküsten genannt. Ein Aufsteigen des Landes, auch negative Strandverschiebung genannt, oder eine Senkung des Meeresspiegels bewirken hingegen, dass die vom Meer geschaffenen Formen hinter oder über die Uferlinie zu liegen kommen. Diese Küsten werden Hebungs- oder Regressionsküsten genannt. Diese Regressions- und Ingressionsküsten kommen an der deutschen Ostseeküste am häufigsten vor, da nach der letzten großen Kaltzeit der Meeresspiegel weltweit, durch das Abtauen des auf den Festländern und Inseln gebundenen Eises, um rund 80 bis 100 Meter stieg (ZEPP 2017, S. 275f.). Betrachtet man also die deutsche Ostseeküste, wie in Abbildung 6, werden vier markante Küstentypen sichtbar. In Schleswig-Holstein ist hauptsächlich die Fördenküste, durch aufgeschürfte glaziale Rinnen entstanden, verbreitet, welche in die westmecklenburgische Buchtenküste übergeht. Anschließend folgt die Ausgleichsküste und ganz im Osten die Bodden- bzw. Boddenausgleichsküste.

Schleswig-Holsteins Küstenlinie beträgt 399 km, einschließlich der Insel Fehmarn. 122 km davon sind Steilufer, wo Erosionsprozesse stattfinden. Dazu kommen auch 137 km von der ins Inland ragenden Schlei. Während die äußere Küste Mecklenburg-Vorpommerns eine Länge von 377 Kilometern hat, wo auch Küstenrückgangs- und Erosionsprozesse stattfinden, weist die Küstenlinie mit Einbezug der landseitigen Bodden- und Buchtenküsten ganze 1945 km auf. In den Boddenküsten finden nur geringe Abtragungsprozesse statt. Durch die ganzen Küstenprozesse findet eine Begradigung der Küsten statt, teilweise durch die Bildung von Nehrungshaken und auch durch den Abtrag an den Kliffen. Der heutige unregelmäßige Küstenverlauf der Jungmoränenlandschaft, erklärt sich aus den Überflutungen der tiefer liegenden Geländeteile in der Littorina-Transgression. Somit ragen die höher gelegenen Geländeteile als Inseln oder Halbinseln heraus. Die Küste wurde nachfolgend erst langsam durch Sedimentverlagerung begradigt (BÖSE et al. 2018, S. 113).

4.1 Fördenküste

Die Förden sind in Schleswig-Holstein ein Charakteristikum des Landschaftsbildes (BÖSE et al. 2018, S. 113). Eine Förde ist eine in glazialen Ablagerungen gestreckte Meeresbucht, die durch die Schürfung einer Gletscherzunge im Randgebiet des Inlandeises entstanden ist. Sie ist häufig auch unter Mitwirkung der Erosion subglazialer Schmelzwässer entstanden. Am inneren Ende der Förden liegt in der Regel eine Endmoräne aus der letzten Eiszeit (AHNERT 2015, S. 390). Dabei handelt es sich um durch subglaziale Schmelzwässer angelegte, überflutete Rinnen, die in südwestliche und westliche Richtung auf den ehemaligen Eisrand zulaufen (BÖSE et al. 2018, S. 113). Beispiele für die Fördenküste in Deutschland sind die Flensburger Förde, die Eckernförder Bucht, die Kieler Förde und die Schlei (AHNERT 2015, S. 390). Diese Förde sind durch die Erosion des Gletschers ausgeweitet worden, während bei der Schlei die sehr schmale Rinnenform einer unter dem Eis angelegten Schmelzwasserrinne Großteils erhalten geblieben ist. Teilweise sind am seewärtigen Ende der Förden Nehrungshaken ausgebildet und an höheren Reliefelementen können sich auch Steilküsten bilden. Ein anderes Ereignis sind Nehrungen die zur Abriegelung ehemaliger Buchten geführt haben und sich dadurch viele Seen entwickelt haben, die sich heute dicht hinter der Küstenlinie befinden (BÖSE et al. 2018, S. 113).

4.2 Buchtenküste

Die Buchtenküste beginnt östlich der Kieler Förde an der Hohwachter Bucht die im Osten durch die Halbinsel Wagrien begrenzt wird und schließt sich dort an die Fördenküste an. Vorgelagert liegt die Insel Fehmarn, eine 185 km² große, flache Grundmoränenlandschaft, deren Küsten im Norden, Westen und Süden durch Nehrungshakenbildung modifiziert wurden. Das Material stammt teilweise von Untiefen westlich von Fehmarn, die von der Brandung abradiert wurden. Die Buchtenküste setzt sich südlich von Fehmarn weiter fort, wo sich die nach Südwesten ausgreifende Lübecker Bucht öffnet. Bei den Buchten handelt es sich um breite Becken, die im festländischen Bereich von Endmoränenzungen umrahmt werden und vom Inlandeis ausgeschürft wurden. Die Buchtenküste endet an der Wismarbucht in Mecklenburg-Vorpommern. Die flache Insel Poel liegt in der Wismarbucht, mit einem flachen Meeresarm, der vom Süden her eingreift und durch die Überflutung einer subglazialen Rinne entstanden ist. An ihrem Westkliff wird die Insel jährlich um einen halben Meter zurückgeschnitten. Teil des

Materials ist an der Bildung eines Nehrungshakens im Süden der Insel beteiligt, der Rustwerder (BÖSE et al. 2018, S. 114f.).

4.3 Ausgleichsküste

Eine Ausgleichsküste ist ein nahezu geradliniger Küstenverlauf, der durch Abrasion (Abtragung der Küste) von Landvorsprüngen und durch abgeschnürte Buchten und auch durch Nehrungen entstanden ist. An der deutschen Ostseeküste beginnt die Ausgleichsküste östlich der Wismarer Bucht und verläuft bis zum Darß (ZEPP 2017, S. 273). Ausgleichsküsten entstanden aus Buchtenküsten, da der postglaziale Meeresanstieg Teile eines meist vielgestaltigen, vorher von fluvialen, glazialen oder äolischen Prozesssystem geformten Reliefs bedeckte. Die Brandung greift mit ihrer Abrasionswirkung mit den im flachen Wasser auflaufenden Wellen das Gestein der Vorsprünge der Buchtenküsten an und formt so die Kliffs. Somit wird von den beiden einer Bucht flankierenden Vorsprünge die Strandversetzung angeregt und der Gesteinsschutt in das Innere der Bucht transportiert, wo er akkumuliert wird und sich ein Strand sichelförmigen Grundrisses und wachsender Breite bildet. Während die Vorsprünge zurückgehen, wächst die Uferlinie des Strandes in der Bucht hervor und die Bucht wird langsam durch den wachsenden Strand gefüllt (AHNERT 2015, S. 387). Da es sich um Kliffe aus Lockermassen handelt, wird die Rückverlegung des Kliffs vielfach durch Austritte von Regenwasser, das zu Fließ-, Rutsch- und Gleitbewegungen an der Kliffwand führt, unterstützt. So dass winterlichen Sturmfluten und Hochwassern Großteils nur der Abtransport und die Abarbeitung des am Klifffuß angelagerten Materials bleibt (ZEPP 2017, S. 274). Wenn dieser Prozess beendet ist zieht die Uferlinie des Strandes in einer geraden Linie von einem ehemaligen Vorsprung zum nächsten, die Küste ist somit zu einer Ausgleichsküste geworden. Die Begradigung der Uferlinie kann auch durch Nehrungen erfolgen, dann werden Buchten zunächst zu Lagunen oder zu vom Meer abgetrennte Strandseen, die allmählich verlanden (AHNERT 2015, S. 387).

4.4 Boddenküste

Bodden sind flache oder kuppige, überflutete Grundmoränenlandschaften, in denen die Niederungsbereiche, die überflutet wurden, zu einem unregelmäßigen Küstenverlauf geführt haben (BÖSE et al. 2018, S. 12ß). Bodden sind auch durch Meeresbuchten, die einen komplex gekrümmten, unregelmäßigen Umriss in glazialen Grundmoränenablagerungen haben, charakterisiert. Ursache für den Verlauf der Uferlinien ist das kuppige Relief der teilweise überfluteten Grundmoräne. Es gibt mehrere Bodden an der deutschen Ostseeküste in Mecklenburg-Vorpommern (AHNERT 2015, S. 390). Schließlich beginnt die deutsche Bodden- oder auch Boddenausgleichsküste am Darß, schließt die Insel Rügen mit ein und reicht bis hin zu Usedom. Rasch wachsende Nehrungshaken haben die Buchten teilweise vom Meer abgetrennt, zudem haben in diesem Bereich der deutschen Ostseeküste in den letzten Jahrtausenden die Küstenformungsprozesse die Küste am nachhaltigsten verändert. Somit enthalten Usedom und auch der Darß Teile aus glazialen Sedimenten (BÖSE et al. 2018, S. 120).

5 Küstenformen

Bei der Betrachtung der Küstendynamik, werden unterschiedliche Küstenformen erkennbar, welche das Erscheinungsbild der Küstenräume ausmachen. Auf Rügen und in Schleswig-Holstein findet man Steilküsten vor und in Mecklenburg-Vorpommern zahlreiche Nehrungen und Haken, die die hauptsächlich flachen Küsten dort charakterisieren.

5.1 Nehrungen und Haken

Eine Nehrung ist ein über dem Meeresspiegel aufragender, lang gestreckter Akkumulationskörper aus Lockermaterial, an dessen seewärtiger Seite Dünen und Strand entwickelt sind. Hinter der Nehrung befindet sich ein Flachwasserbereich, eine Lagune (Haff an der Ostsee), die vom Meer getrennt ist. Die Nehrung setzt sich aus dem Strand mit Barren, dem Dünengürtel und einer Marschfläche auf der Lagunenseite, die vom Meer geschützt ist, zusammen (AHNERT 2015, S. 385). Windgesteuerte Küstenprozesse, vor allem durch die an der Ostseeküste vorherrschenden Westwinde, sind so darauf ausgerichtet, einen unregelmäßigen Küstenverlauf zu begradigen. Höhere Teile des Reliefs leisten mittel Klifferosion an der Ostsee das Material für den küstenparallelen Sedimenttransport, der in flachen Küsten zur Entwicklung von Nehrungen und Sandhaken führt. Bei der Nehrungsbildung spielt die Aufwehung von Dünen eine wichtige Rolle. Die Dünen erleichtern den Nehrungen den Prozess deutlich über dem Meeresspiegel aufzuwachsen (BÖSE et al. 2018, S. 114). Es gibt zwei Typen von Nehrungen: die freie und die landfeste Nehrung. Die Entwicklung der freien Nehrung beginnt meistens als Sandriff in Flachwasser vor der Küste. Das Riff wird durch Sedimentation ständig aufgehöht, bis es nur noch sehr selten überflutet wird und der Wind den trockenen Sand zu Dünen aufweht. So wird aus dem Sandriff allmählich

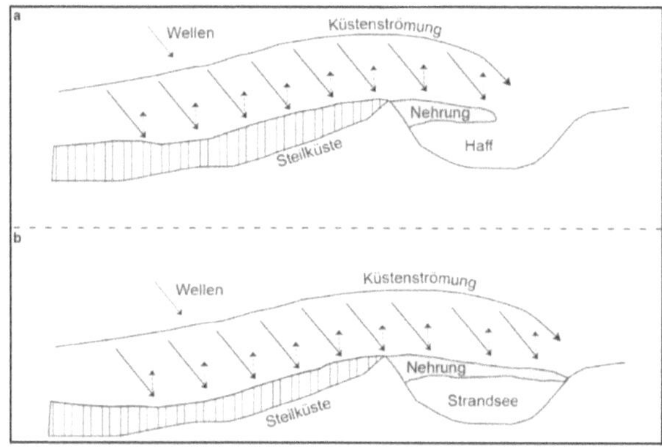

Abbildung 7: Prozesse bei der Bildung eines Nehrungshakens (BÖSE et al. 2018, S. 114).

eine permanente Insel. Auf der Meerseite des Riffs brechen die Wellen und beginnen, diese in einen Strand zu verwandeln. Das leeseitige (vom Wind abgewandte Seite) Ende des Riffs wird verlängert, indem die Brandung die Strandversetzung aktiviert und den Sand seitwärts entlang des Strandes transportiert. Dieser Sand wird abtransportiert und teilweise durch die Brandung auch wieder aufgenommen und erneut zum Riff bewegt. Ebenfalls entwickeln sich dort Dünen, ein Strand und auch ein Marschrückland. Auf dieser Weise entsteht eine lange freie Nehrung ohne Landverbindung.

Wie in Abbildung 7 zu sehen ist, entwickelt sich eine landfeste Nehrung aus einem Vorsprung der Küste. Die Nehrung setzt an der windabgewandten Seite der Wellen an und wächst durch Strandversetzung und Küstenströmungstransport der Sedimentfracht. Mit zunehmender Länge kann die Nehrung den Küstensporn, von dem sie ausgeht, mit dem nächsten verbinden und die Meeresbucht, die zwischen beiden Spornen liegt in ein Haff (Lagune) verwandeln. Ein Durchlass bleibt in der Regel offen. Auch auf deren Rückseite bildet sich eine Marschfläche aus organischer Mudde und anorganischen Sedimenten. Es kann auch vorkommen, dass das freie Ende der Nehrung der Wellenrefraktion ausgesetzt ist. Brandungswellen schwenken somit gegen das Ende der Nehrung ein und führen bei hohem Seegang zum Umbiegen der Strandversetzung in Richtung der dahinterliegenden Bucht. Das Ende der Nehrung wird zu einem Haken. Freie Nehrungen und Haken kommen an mehreren Stellen der deutschen Ostseeküste vor (AHNERT 2015, S. 385f.). Diese Prozesse, welche die leicht erodierbare südliche Ostseeküste gestaltet haben, dauern heute immer noch an (BÖSE et al. 2018, S. 114).

5.2 Kliffküsten

Kliffküsten bestehen aus einem steilen Kliff und einer vorgelagerten Schorre, die auch Abrasionsplattform genannt wird. Mehrere Prozesse spielen bei Kliffküsten mit, dazu gehören

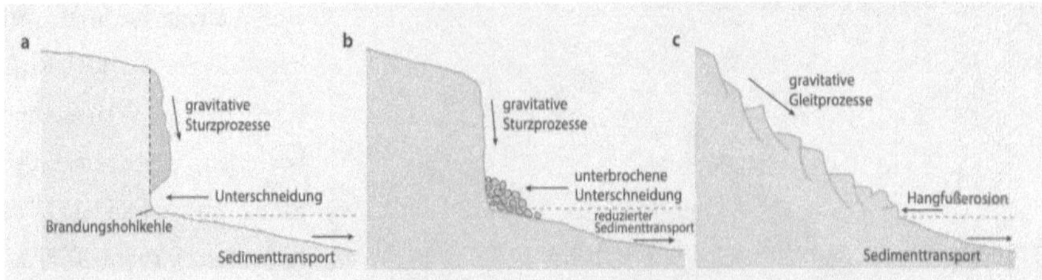

Abbildung 8: Materialtransport an einer Kliffküste am Beispiel einer geneigten Schorre (BÖSE et al. 2018, S. 379).

die chemische und physikalische Verwitterung, die mechanische Wellenerosion, die biogene Erosion und die gravitativen Massenbewegungen. Wellenabrasion ist die reibende Wirkung von wellenverursachten Wasserströmungen die das Gleiten, Schleifen und Rollen von Kies, Sand und Blöcken auf der gering geneigten Oberfläche der Abrasionsplattform und auch den Transport dieser Sedimente an die Kliffwand bewirken (DIKAU et al. 2019, S. 377). An diesen Steilküsten wirken die Wellen besonders stark, indem in Schichtfugen und Klüften gepresstes Wasser und durch die Wasser hineingedrückte Luft langsam und allmählich der Verband des Gesteins gelöst wird. Spaltenfrost verstärkt die Lockerung. Deshalb bildet sich am Fuße einer solchen Steinwand eines Kliffs eine Brandungshohlkehle, die sich immer weiter vertieft, bis das überstehende Kliff nachstürzt. Wie in Abbildung 8 zu sehen ist, weicht das Kliff auf diesem Weg langsam zurück (ZEPP 2017, S. 270f.). Gelockerte Gesteinsblöcke brechen aus der Wand als scharfkantiger Schutt und akkumulieren auf der Schorre oder am Klifffuß. Da das Kliff so steil ist, verursachen mehrere gravitative Prozesse Stürzungen, Kippungen und Gleitungen, deshalb ist der Erhalt der Schorre für die Stabilität der Kliffwand für große Bedeutung. Wenn sich viel Sturz- und Gleitmaterial am Klifffuß befindet, senkt sich die Erosionsrate des Kliffs erheblich und erst wenn dieses Kliff schützende Material durch Wellen und Strömungen abtransportiert wird, nimmt die Prozessrate wieder zu. Ergebnis ist eine leicht seewärts geneigte Abrasionsplattform, die häufig in geologischen Schichten gegliedert ist (DIKAU et al. 2019, S. 380).

Die deutsche Ostseeküste hat auch einige Steilufer. Zum Beispiel auf der Halbinsel Jasmund auf Rügen, befinden sich die weißen Kreidefelsen. Die Kreideküste ist vor allem nach Starkregen, sehr stark rutschungsgefährdet. Material für den Aufbau von Nehrungen wird durch diese starke Küstenerosion zur Verfügung gestellt. Deshalb sind Jasmund und Wittow durch den aus Dünen und Strandwällen aufgebauten Nehrungshaken Schaabe miteinander verbunden. Somit ist der Jasmunder Bodden nach Nordosten hin vollständig von der Ostsee abgeriegelt

(BÖSE et al. 2018, S. 120). Bei der natürlichen Erosion der Kliffwände wird das dadurch entstehende feine Material seewärts verfrachtet und hauptsächlich dort abgelagert. Zusätzlich wird es auch küstenparallel transportiert und in Gebieten mit flacherem Relief zu Strandwällen oder linienförmigen Strandwallserien aufgeworfen. Kiese und Gerölle überwiegen auf Strandwällen kliffnaher Küstenabschnitte in sandigen Ablagerungen, die auch zu Dünen aufgeweht werden können (DIERRSEN 2014, S. 13).

6 Fazit

Der Mensch hat sich schon immer an Küstenräumen niedergelassen. Heutzutage leben Millionen von Menschen an Küsten, oder besuchen diese aus vielen Gründen wie Tourismus, Erholung, Handel, u.a. Ein normaler Spaziergang entlang des Strandes wird viele Indizien für vergangene, gerade angehende und sogar für zukünftige Prozesse der Küste aufweisen. Der litorale Prozessbereich zeigt somit unterschiedliche Prozesse, die dafür verantwortlich sind, diesen zu entwickeln und zu gestalten, wie zum Beispiel die Meereswellen und die Brandung, die Gezeiten, die küstennahen und auch küstenfernen Strömungen, sowie die tektonischen Hebungen und Meeresspiegelschwankungen. Daher ist es auch interessant und hilfreich zu wissen wie beispielsweise die Kreidefelsen auf Rügen oder die Kieler Förde und die ganzen Buchten an der Küste Schleswig-Holsteins entstanden sind und warum es so viele Nehrungen an der Boddenküste Mecklenburg-Vorpommerns gibt.

Wenn man in Bereichen wie beispielsweise Katastrophenschutz, Naturschutz oder auch im Bereich von Errichtung oder Gebäudebau an Küsten arbeitet, ist es wichtig zu wissen wie diese litoralen Prozesse die heutigen Küsten beeinflusst haben und wie sich diese Prozesse in der Zukunft entfalten werden. Wie es seit 10.000 Jahren schon passiert, wird sich auch in Deutschland die Ostseeküste in der Zukunft stets verändern. Um darauf entsprechend zu handeln zu können, ist es von großer Bedeutung, einen umfassenden Überblick über unseren litoralen Prozessbereich zu haben.

II. LITERATURVERZEICHNIS

AHNERT, F. (1996): *Einführung in die Geomorphologie.*- Eugen Ulmer **5**: 458 S., Stuttgart.

BIRD, E. (1973): *Coastal Geomorphology. An Introduction.*- John Wiley & Sons Ltd **2**: 434 S., Chichester.

BÖSE, M., EHLERS, J. & LEHMKUHL, F. (2018): *Deutschlands Norden. Vom Erdaltertum zur Gegenwart.*- Springer: 194 S., Berlin.

DIERSSEN, K. (2014): *Küstenökosysteme von Nord-und Ostsee.*- In: Handbuch der Umweltwissenschaften.- Wiley-VCH: S. 3-13, Weinheim.

DIKAU, R., EIBISCH, K., EICHEL, J., MEẞENZEHL, K. & SCHLUMMER-HELD, M. (2019): *Geomorphologie.*- Springer Spektrum: 466 S., Berlin.

RHEINHEIMER, G. (1974): *Meereskunde der Ostsee.*- Springer **2**: 338 S., Berlin.

ZEPP, H. (2002): *Geomorphologie. Eine Einführung.*- Ferdinand Schöningh **7**: 402 S., Paderborn.

Abb. 1, S.3, ZEPP, H. (2002): *Geomorphologie. Eine Einführung.*- Ferdinand Schöningh **7**: 402 S., Paderborn.

Abb. 2, S. 4, DIKAU, R., EIBISCH, K., EICHEL, J., MEẞENZEHL, K. & SCHLUMMER-HELD, M. (2019): *Geomorphologie.*- Springer Spektrum: 466 S., Berlin.

Abb. 3, S. 6, DIKAU, R., EIBISCH, K., EICHEL, J., MEẞENZEHL, K. & SCHLUMMER-HELD, M. (2019): *Geomorphologie.*- Springer Spektrum: 466 S., Berlin.

Abb. 4, S. 8, DIKAU, R., EIBISCH, K., EICHEL, J., MEẞENZEHL, K. & SCHLUMMER-HELD, M. (2019): *Geomorphologie.*- Springer Spektrum: 466 S., Berlin.

Abb. 5, S. 9, DIERSSEN, K. (2014): *Küstenökosysteme von Nord-und Ostsee.*- In: Handbuch der Umweltwissenschaften.- Wiley-VCH: S. 3-13, Weinheim.

Abb. 6, S. 11, BÖSE, M., EHLERS, J. & LEHMKUHL, F. (2018): *Deutschlands Norden. Vom Erdaltertum zur Gegenwart.*- Springer: 194 S., Berlin.

Abb. 7, S. 15, BÖSE, M., EHLERS, J. & LEHMKUHL, F. (2018): *Deutschlands Norden. Vom Erdaltertum zur Gegenwart.*- Springer: 194 S., Berlin.

Abb. 8, S. 16, BÖSE, M., EHLERS, J. & LEHMKUHL, F. (2018): *Deutschlands Norden. Vom Erdaltertum zur Gegenwart.*- Springer: 194 S., Berlin.

www.ingramcontent.com/pod-product-compliance
Lightning Source LLC
LaVergne TN
LVHW040519200726
843493LV00017B/2908